ÉTUDE

SUR

L'ARNICA

ET SES PRINCIPES ACTIFS

L'HUILE ESSENTIELLE & L'ARNICINE

PAR

ÉTIENNE PIERRE

ANCIEN PHARMACIEN, DOCTEUR EN MÉDECINE

SAINT-DIÉ

TYPOGRAPHIE ET LITHOGRAPHIE L. HUMBERT

1879

ÉTUDE

SUR

L'ARNICA

ET SES PRINCIPES ACTIFS

L'HUILE ESSENTIELLE & L'ARNICINE

PAR

ÉTIENNE PIERRE

ANCIEN PHARMACIEN, DOCTEUR EN MÉDECINE

SAINT-DIÉ

TYPOGRAPHIE ET LITHOGRAPHIE L. HUMBERT

1879

ÉTUDE

SUR

L'ARNICA

ET SES PRINCIPES ACTIFS

L'HUILE ESSENTIELLE & L'ARNICINE

INTRODUCTION

Mes études antérieures en pharmacie m'ayant engagé à étudier quelques plantes, j'ai reconnu qu'un certain nombre de végétaux employés dans la pratique journalière n'avaient pas été l'objet d'études suffisantes et de recherches approfondies. Une de ces plantes paraît être réellement utile dans des circonstances données, bien que l'on ne puisse en préciser nettement les indications : je veux parler de l'*Arnica montana*. Son usage est très-répandu quand il s'agit de l'employer comme topique sur les plaies ou les attritions de tissu ; mais son action physiologique sur le système nerveux, son emploi thérapeutique ne semblent pas bien connus.

C'est donc avec raison que Gubler, dans ses *Commentaires thérapeutiques*, dit : Que l'action physiologique de cette plante réclame de plus rigoureuses et de nouvelles constatations.

Notre intention n'est pas de combler cette lacune. Nous serons suffisamment récompensé du travail d'une année, si nous avons pu réussir à éclairer nos collègues sur certains points de la toxicologie, et à indiquer la part d'action qui revient plus spécialement à certains principes de cette plante.

Nous divisons notre travail en un certain nombre de chapitres :

1º Introduction et historique.

2º Botanique et histologie.

3º Chimie.

4º Action physiologique de l'Arnica.

5º Action physiologique de l'Arnicine.

6º Thérapeutique.

7º Conclusions.

HISTORIQUE DE L'ARNICA

L'Arnica ne paraît pas avoir été connu des anciens ; en tout cas il n'en est pas fait mention dans leurs écrits. Cependant les anciens botanistes, notamment Mathcolus, Gessner, Camerarius, Tubernæmontanus et Clusius connaissaient ce végétal et avaient quelques notions sur ses propriétés médicales.

Il parait avoir constitué, en Allemagne, un remède populaire à une période reculée; mais il ne fut introduit dans la médecine officielle que vers 1712, sur la recommandation de Johann Michael Fehr, de Sweinfurt, et de quelques autres médecins.

Tabernæmontanus est le premier qui en ait parlé (XVIᵉ siècle). En 1714, de Lamarche, Petrus Andreus, Schütt publièrent leurs travaux sur l'Arnica; Stoll, Stork, Colin et beaucoup d'autres médecins nous ont laissé un grand nombre d'observations succintes de cas dans lesquels l'Arnica leur a été utile. Puis viennent les thèses qui ont été faites sur cette plante. Citons : Cadot, *De l'Arnica dans une fièvre épidémique*, thèse de Paris an XIII ; Moug, *Dissertation sur l'Arnica montana*, thèse de Strasbourg 1814; Jean de Montpellier, 1817.

Enfin la thèse sur les *Propriétés physiologiques et thérapeutiques de l'Arnica*, de M. Guillemot, thèse de Paris, 1874. Nous n'avons rien trouvé sur l'arnicine, qui possède avec avantage toutes les propriétés de l'Arnica, ni sur l'huile essentielle. Mentionnons toutefois la thèse de M. Guillemot, qui a pris, dit-il, 0,70 d'arnicine, sans ressentir aucun effet particulier; ainsi qu'une citation de Græfe sur l'huile essentielle

---

BOTANIQUE

L'*Arnica montana*, plante de la famille des Synanthérées, de la tribu des Sénécionidées, désigné aussi sous le nom de tabac ou bétoine des savoyards, tabac des montagnes ou des Vosges, herbe aux prêcheurs, herbe à éternuer, herbe aux chutes, etc., croît dans les régions montueuses, en Allemagne, en Suisse, en Norvége, en Laponie.

En France, on le rencontre dans les prairies des hautes montagnes, où il cherche les terrains siliceux et granitiques des Vosges, des Alpes, des montagnes d'Auvergne.

Les fleurs de Bohème sont réputées comme les plus actives.

RHIZOME

Le rhizome d'Arnica (*Racine d'Arnica*) fournit à la matière médicale ses rhizomes, munis de ses racines adventives et souvent couronnés par les feuilles radicales, rapprochées en rosettes, opposées deux à deux, abovées très-longuement, atténuées à la base, munies d'une grosse nervure médiane, d'où se détachent quatre ou six nervures latérales, courant dans la longueur de la feuille.

Le rhizome en lui-même a deux ou trois millimètres de diamètre et cinq à six centimètres de long; il est cylindracé, marqué d'un grand nombre d'anneaux frangés, qui ne sont que la base des écailles foliacées; il porte à sa partie inférieure un grand nombre de racines adventices de un demi-millimètre de diamètre. Le rhizome est de couleur brun noir; les racines sont rougeâtres. Il contient une huile essentielle, de la résine et de l'arnicine. Les feuilles sont sessiles, obovées, obtuses, atténuées à la base, entières sur les bords, longues de cinq à huit centimètres, larges de un à deux.

Elles sont fermes, silicées, couvertes sur la face supérieure vert foncée de poils épars, courts et rudes; presque glabres à la face inférieure plus claire. Une forte nervure médiane donne naissance, de chaque côté de sa base, à deux ou trois nervures latérales, qui courent dans le sens de la longueur de la feuille.

L'odeur de la substance est aromatique, sa saveur à la fois aromatique et amère.

Elle contient des traces d'huile essentielle, une substance résineuse et un peu d'arnicine.

Les capitules sont grands, formés d'un involucre campanulé, à folioles lancéolées, aiguës, imbriquées sur deux rangs et au nombre de dix-huit à vingt, et d'un réceptacle nu, garni de fleurs jaunes, en languettes à la circonférence, tubuleuses sur le disque. Les bractées de l'involucre sont couvertes de poils, dont les plus courts, de couleur brune, se terminent par une glande visqueuse.

Les fleurs ligulées n'ont pas d'étamines développées; leur limbe est oblong, tridenté, long de deux centimètres environ, marqué de neuf ou dix nervures. Les fleurs du centre sont beaucoup plus courtes. Leur calice est couronné par une aigrette de couleur blanchâtre, formée par une seule rangée de longs poils raides, couverts de petites barbes rudes. Les akènes sont bruns, hérissés, munis de côtes.

La fleur a une odeur forte et agréable, elle contient de l'huile essentielle, une matière résineuse, une substance amère nommée arnicine.

Certaines pharmacapées recommandent de retrancher des capitules d'Arnica l'involucre et le réceptacle, parce que ces parties logent souvent un insecte de la famille des Muscidées, le *Tripeta arnicivora*.

Cette précaution à l'inconvénient de supprimer des parties qui possèdent au plus haut degré l'amertume de la plante et qui doivent par conséquent contribuer pour beaucoup à l'activité du médicament. Il vaut donc mieux ne pas s'y astreindre et se borner à surveiller les fleurs d'Arnica et les cribler fréquemment, pour les préserver contre les insectes qu peuvent les attaquer.

L'odeur de l'Arnica ne se trouve dans aucune des fleurs avec lesquelles on pourrait la confondre.

HISTOLOGIE

L'étude histologique de l'Arnica n'a pas encore été faite d'une façon complète, et quelques indications seulement ont été données sur le rhizome.

Notre attention a été portée sur cette étude, que nous avons essayé d'entreprendre, et dans laquelle nous avons été secondé très-obligeamment, par M. Lemaire, licencié-ès-sciences naturelles. Grâce à son bienveillant concours, nous avons pu reconnaître quelles étaient les parties de la plante les plus riches en huile essentielle et en oléorésines. Ce sont les rhizomes et la fleur où se trouvent le plus de cellules rectangulaires renfermant et sécrétant des oléorésines. La tige en contient beaucoup moins, mais plus encore que la feuille. Voici d'ailleurs les résultats de l'examen microscopique détaillé que nous avons entrepris.

RHIZOME

L'extérieur du rhizome est constitué par une couche de cellules à parois brunes, épaisses et rectangulaires. Au-dessous de ces éléments subéreux, se présente un grand nombre d'assises de cellules à membranes épaissies, incolores, rectangulaires ou polyédriques, laissant entre elles des méats.

On remarque au milieu de ces éléments, dépourvus de chlorophylle, de larges canaux prismatiques à ouverture polygonale, qui sont bordés de cellules rectangulaires renfermant des oléorésines. Ce sont des canaux sécréteurs. Dans la partie interne de cette masse cellulaire se trouve un massif moins considérable de cellules, à membranes moins épaisses, renfermant des granulations. On y remarque aussi de nombreux canaux, mais en général beaucoup plus petits que ceux décrits précédemment.

Vient ensuite la zône des faisceaux libero-ligneux. Ces faisceaux, qui diffèrent entre eux par les dimensions et dont le nombre varie, sont séparés latéralement par une partie du tissu cellulaire, qui relie la moëlle au tissu cellulaire contical. Chaque faisceau est composé de liber à sa partie externe et de bois à l'intérieur. Le liber est constitué par des fibres et des cellules à membrane et renfermant des albuminoïdes. Le bois est composé de faisceaux rayés, ponctués, spiraux et trachéés.

La moëlle, placée à la partie interne des faisceaux, est composée de cordons vasculaires, d'éléments à parois épaisses, ne laissant point de méats; ils constituent en ce point plusieurs assises cellulaires, formant une zône touchant la partie interne du bois et seulement interrompue par quelques couches de cellules allongées radialement, qui, partant de la moëlle proprement dite, passent entre les faisceaux libero-ligneux pour rejoindre le système cellulaire de l'écorce.

La moëlle proprement dite, formant un cylindre central, est constituée par des éléments à membrane mince et de forme polyédrique plus ou moins régulière.

TIGE

La tige est composée, en allant de dehors en dedans : 1° d'une couche de cellules épidermiques prismatiques, à base carrée, à parois minces, si ce n'est l'externe qui, plus épaisse, est cuticularisée; 2° d'une masse cellulaire dans laquelle se trouvent placés les cordons libero-ligneux.

Cette masse est partagée en deux parties par les groupes libero-ligneux :

La partie externe ou corticale et la partie interne ou médullaire.

La partie corticale est constituée par plusieurs couches de cellules prismatiques, à base polygonale. Les cellules qui laissent entre elles de faibles méats sont surtout épaisses à leur angle et renferment quelques grains de chlorophylle. On remarque dans cette masse des canaux contenant des huiles essentielles.

Ces canaux très-petits sont des méats situés entre des éléments formant bordure à ces méats et se présentent sous une coupe transversale, comme une petite masse irrégulièrement circulaire, dont le centre est occupé par le méat de forme triangulaire, losangique ou ovale. Les cellules de bordure, au nombre de quatre, forment une seule couche autour du canal et renferment des granulations oleo-résineuses.

Ce sont donc des cellules sécrétantes, et le canal formé par l'espace laissé par ces cellules est appelé canal sécréteur, le réservoir des produits créés par les éléments.

Les faisceaux libéro-ligneux touchent ce massif; ils sont en plus ou moins grand nombre et de puissance variable, séparés les uns des autres par le tissu cellulaire à membrane assez épaisse; les cordons libériens prismatiques ou ovales sous une coupe transversale sont constitués par du liber externe, et intérieurement par du bois. Le liber se compose de fibres extérieurement et de cellules à parois minces intérieurement.

Le bois faisant suite au liber est composé de fibres ligneuses et de faisceaux rayés, ponctués, spiraux et trachéés.

La moëlle est composée extérieurement de cellules prismatiques à base rectangulaire et à membrane très-épaisse et ponctuée ; les éléments forment plusieurs couches à la partie interne du bois de chaque faisceau.

Ces éléments forment une zône interrompue entre les divers faisceaux; mais ils touchent non seulement la paroi interne du bois, mais encore ses côtés latéraux.

Près du liber ces éléments forment une lame tangentielle allant d'un faisceau à l'autre.

Le reste de la moëlle formant un cylindre central est constitué par des cellules polyédriques très-grosses, peu épaisses et laissant entre elles de légers méats losangiques ou rectangulaires.

FEUILLES

Il y a lieu d'étudier dans la feuille trois parties :
1º La partie située entre les nervures ;
2• La marge ;
3º La nervure.

Premièrement. — La partie interneurale est composée uniquement de tissu cellulaire. A la face supérieure et inférieure se trouve une couche de cellules incolores, qui forment l'épiderme : sinueuses vues de face, carrées ou rectangulaires en coupe transversale. Leur membrane est mince.

Entre les deux épidermes et le parenchyme pourvu de chlorophylle, le supérieur est constitué par deux autres couches de cellules cylindriques à grand diamètre, perpendiculaire à la surface foliaire. Ce parenchyme en palissade touche le parenchyme inférieur, composé de grandes cellules rameuses, laissant entre elles des méats et des lacunes.

Deuxièmement. — La marge (ou bord latéral) de la feuille ne présente rien de particulier. L'épiderme, à une seule couche, est semblable à l'épiderme interneural et recouvre immédiatement la terminaison latérale du parenchyme foliaire.

Troisièmement. — La nervure médiane, convexe en-dessous et concave au-dessus, varie de constitution suivant qu'on l'examine en différents points, mais présente des caractères fixes, si on l'étudie sur un point déterminé. A un ou deux centimètres de son insertion, elle présente, à sa surface inférieure et supérieure, une couche de cellules épidermiques en forme de parallélipipède, et ne laissant entre elles aucun stomate.

Au-dessus de l'épiderme supérieur est placée une couche de cellules prismatiques à base polygonale ; les cellules, qui laissent entre elles de petits méats, sont épaissies à leur angle et dépourvues de chlorophylle. Au-dessus de l'épiderme inférieur on remarque des éléments semblables à ceux indiqués, mais plus petits. Entre ces deux masses, on remarque deux ou trois cordons triangulaires sur une coupe transversale, et dont la base est inférieure et le sommet supérieur.

Ces cordons sont composés, en allant de bas en haut :

1° Du liber ;

2° Du bois ;

3° D'éléments lignifiés, épaissis, très-gros.

Le liber est composé de fibres et de cellules à parois molles.

Le bois, d'épaisseur moindre que l'épaisseur du liber, présente la même constitution que dans la tige: Au-dessus du bois se trouve un amas de cellules à parois très-épaisses et lignifiées, elles sont cylindriques et présentent de nombreuses ponctuations.

On remarque dans le parenchyme inférieur, des canaux sécréteurs, qui se trouvent placés de chaque côté des extrémités latérales du liber. Il en existe un à chaque extrémité. On n'en trouve point vis-à-vis du liber. Il n'en existe point non plus dans le parenchyme situé au-dessus du bois.

FLEUR

Dans la fleur on remarque les nervures et le parenchyme situé entre ces nervures.

1º Le tissu cellulaire situé entre les nervures se compose superficiellement d'une couche d'épiderme, dont les cellules, vues de face, ont la forme carrée, rectangulaire ou polyédrique.

Sur une coupe transversale, elles sont très-bombées à la superficie, et forment ainsi de petites proéminences. Elles ont des parois relativement minces et renferment des granulations jaunâtres, qui, traitées par la potasse, s'accumulent en une ou deux gouttelettes jaunâtres. Entre les deux épidermes, on remarque une ou plusieurs couches de cellules, moins chargées de granulations plus ou moins polyédriques et à membranes minces.

2º Les nervures sont constituées à la superficie par de l'épiderme de forme analogue à celui décrit, sauf que les cellules sont moins bombées à la surface, et que la membrane superficielle est plus épaissie.

Entre les deux épidermes de la nervure se trouve une masse de tissu fondamental, formé de cellules arrondies sur une coupe transversale et allongée. C'est dans cette masse que se trouve le faisceau fibro-vasculaire, représenté seulement par quelques cellules très-étroites et quelques vaisseaux spiraux et trachéens.

Sur la tige, la fleur et la feuille, on remarque des poils qui sont, les uns coniques et formés d'une seule file de quelques cellules. Ce sont des poils pluricellulaires unisériés.

Les autres poils sont pluricellulaires, avec cette différence que les cellules sont disposées en deux ou trois files cellulaires. Ils sont coniques et leurs pointes se terminent par une glande composée de plusieurs cellules produites par des cloisonnements horizontaux, verticaux et obliques.

Cette petite glande a d'ordinaire la forme d'un cône, dont le sommet tient à l'extrémité du poil, et la base opposée à ce dernier est un peu convexe.

Cette masse glandulaire renferme des gouttelettes et des granulations oléorésineuses.

(Objectif n. 3, Nachet, oculaire 1, grossissement deux cents.)

RECHERCHES CHIMIQUES

Les fleurs et les racines d'Arnica furent étudiées au point de vue des principes chimiques qui les constituent, d'abord par Paff et plus tard par Weber, qui y trouvèrent comme principes actifs une huile essentielle bleue et une résine âcre. Bucholz et Bussy trouvèrent de la sapomine, et déjà avant eux Viegel en avait retiré une résine.

Les analyses de Dublanc, de Veissenburger, de Martini, de Gesler et de Labordais donnèrent des résultats analogues.

Chevalier et Lassaigne (*Journ. de Pharm.*, t. V, p. 248) purent en extraire une matière propre qu'ils prirent pour un alcaloïde, auquel ils donnèrent le nom d'arnicine, et une matière soluble dans l'eau et dans l'alcool, qu'ils prirent pour une matière vomitive analogue à la cytisine.

En résumé, l'arnicine renferme les substances suivantes :

De l'acide gallique; une matière colorante jaune; de la gomme; du chlorure de potassium ; du phosphate de potasse ; un sel à base de chaux ; des traces de sulfate de fer et de silice.

Thomson prétendait même, qu'il y avait dans l'Arnica de la strychnine.

D'après Walz (*Journ. de Pharm. et de Chimie*, 3e série) les fleurs d'Arnica contiennent une matière amère qu'il appelle arnicine, une huile essentielle jaune, une résine soluble dans l'éther, une autre résine insoluble dans ce dissolvant, du tanin, une matière colorante jaune, un corps gras fusible à 28o et une matière cireuse.

Bastick a aussi étudié l'arnicine; il la considère comme une base réelle, possédant une réaction alcaline; c'est d'après lui un véritable alcaloïde, se combinant avec les acides et donnant une série de sels cristallisables (*Journ. de Pharm. et de Chimie*, t. XIX, p. 454, 3e série).

Bastick prétend qu'elle est probablement cristallisable, quoique la petite quantité de produit qu'il a obtenue ne lui permette pas de se prononcer sur ce caractère, et qu'il n'en ait pu juger que par la disposition du liquide à fournir des cristaux, lorsqu'il l'obtenait par l'évaporation de la solution éthérée. Elle n'est pas volatile, car, exposée à une haute température, elle se décompose et laisse un résidu charbonneux.

Elle est légèrement soluble dans l'eau, mais beaucoup plus dans l'alcool et dans l'éther ; elle est amère et possède une odeur particulière qui semble avoir quelque analogie avec celle du castoreum. Les alcalis la décomposent ; combinée avec les acides, elle forme des sels solubles et cristallisables. Décoloré par le charbon, le chlorhydrate d'arnicine donne des cristaux aciculaires, transparents et étoilés (*Dict. de Chimie* de Wurtz).

M. William Bastick a obtenu cette base organique en opérant de la manière suivante :

On fait macérer la plante dans de l'alcool aiguisé d'acide sulfurique : Arnica 4 kil. ; alcool à 36°, 4 litres ; acide sulfurique 90 grammes, pendant environ 48 heures. On filtre, puis on ajoute à la teinture, de la chaux pulvérisée jusqu'à ce qu'il se produise une réaction alcaline. On filtre, puis on neutralise de nouveau par l'acide sulfurique jusqu'à réaction légèrement acide. On évapore au quart, on ajoute un peu d'eau, qui précipite une résine qu'on sépare par le filtre. On neutralise la liqueur à l'aide d'une solution concentrée de carbonate de potasse, qui précipite encore un peu de matière résinoïde, qu'on sépare par le filtre ; on ajoute ensuite à la solution filtrée un excès de carbonate de potasse, puis on agite avec de l'éther, jusqu'à ce que ce dissolvant n'enlève plus rien à la solution aqueuse. Par l'évaporation, l'éther abandonne l'arnicine. On la purifie en la redissolvant dans l'alcool avec addition de charbon animal, et en agitant jusqu'à décoloration complète.

Par l'évaporation de l'alcool filtré, la base se dépose.

Procédé de Labourdais. — Une infusion concentrée de fleurs d'Arnica a été versée peu à peu dans un entonnoir, sur une couche assez épaisse de noir animal préalablement lavé. Le liquide, en traversant cette couche de charbon, y a laissé ses principes amers et colorants.

Ce charbon lavé, séché et traité par l'alcool, lui a communiqué la saveur amère de l'Arnica. Cette solution alcoolique a été filtrée et soumise à la distillation ; il est resté dans le bain-marie un liquide laiteux, qui, évaporé soit à cette température, soit à celle de l'étuve, a donné pour produit une substance ayant l'aspect et la consistance de la térébenthine. Elle est très-peu soluble dans l'eau ; la petite quantité dissoute communique néanmoins à ce liquide une saveur amère ; elle est soluble en toutes proportions dans l'alcool, et cette solution, évaporée spontanément dans plusieurs circonstances a toujours laissé au fond du vase un résidu ayant l'aspect et la consistance sous laquelle l'arnicine a été primitivement obtenue. L'arnicine est neutre.

Walz, qui reprit les travaux de Labourdais en 1861, soumet d'abord la racine d'Arnica à la distillation, pour lui enlever son essence, ensuite il traite la racine par l'alcool, ce dernier est mis en digestion avec de l'oxyde de plomb que l'on enlève par de l'hydrogène sulfuré. Le liquide alcoolique ramené à siccité par la distillation, est traité par l'éther, qui enlève l'arnicine. La dissolution éthérée est mise en contact avec de la potasse caustique en dissolution pour isoler la résine, les corps gras et les matières colorantes; après avoir décanté et filtré, on décolore par le charbon et on laisse le liquide filtré s'évaporer. L'on reprend avec de l'alcool étendu. On filtre, on évapore et on obtient ainsi l'arnicine.

D'après les rapports de Walz, l'arnicine constitue une masse amorphe jaune, qui est peu soluble dans l'eau, plus soluble dans l'eau alcaline ou ammoniacale et qui se dissout très-bien dans l'alcool et l'éther. Par l'ébullition dans l'eau acidulée, l'arnicine ne donne point de glucose, ce n'est donc pas un glucoside, mais un corps impur et peu stable. Walz assigne à son arnicine la formule $C_{20} H_{30} O_4$ et d'autres chimistes $C_{35} H_{54} O_7$.

Nous avons essayé de nous servir du procédé indiqué par M. Bouchardat pour obtenir la digitaline, dans le but d'obtenir des cristaux d'arnicine, mais l'emploi de ce procédé ne nous a conduit à aucun résultat. Il en a été de même du traitement de l'Arnica par l'alcool et l'éther additionné de chaux. L'épuisement de la plante au moyen de l'appareil extracteur, ne nous a pas offert d'avantage sur le procédé de Bastick.

Bien que nous ayons suivi avec soin le mode d'extraction indiqué par les auteurs, nous ne sommes point arrivé à obtenir un principe cristallisable. Pour contrôler le résultat de notre préparation, nous avons demandé de l'arnicine à un droguiste de Paris, et le procédé qui avait servi à la préparer. On se contenta de nous envoyer de l'arnicine de chez M. Merck de Darmstadt.

La substance qui nous a été fournie, comme celle que nous avons préparée nous-même est incristallisable, ayant la consistance d'un extrait mou, de couleur noire.

L'arnicine n'est jaune que dans les premiers moments qui suivent son extraction, puis elle noircit et devient cassante si on la fait dessécher au bain-marie.

Nous avons déjà dit que ce produit a des fonctions basiques; nous avons pu, à l'aide de l'acide chlorhydrique, produire des sels bien cristallisés, remarquables par leur grande instabilité. Ce qui contribue encore à faire admettre cette substance comme une base végétale, c'est que beaucoup de ses caractères la rapprochent des alcaloïdes.

Voici en effet les caractères chimiques de l'arnicine que nous avons préparée par les différents procédés ; disons d'abord que ces caractères ne diffèrent pas de ceux que présente l'arnicine de Merck.

Caractères chimiques. — Chauffée sur une lame de platine, l'arnicine fond, se fonce en couleur, puis brûle avec une flamme fuligineuse et laisse un volumineux charbon noir, qui, incinéré, donne un léger résidu de matière minérale.

Chauffée avec une solution étendue de potasse, elle donne des vapeurs qui ramènent au bleu le papier rouge de tournesol, se transforme en ammoniaque et en triméthylamine.

Sa solution alcoolique précipite abondamment en brun par le réactif de Nesles.

Cinq centigrammes d'arnicine (proc. Bastick) que nous avons préparée, dissous dans 10 grammes d'alcool à 50°, ont donné avec :

Acétate de plomb, un précipité jaune insoluble.
S. acétate,   id.
Azotate mercureux,   id.
Azotate mercurique,   id.
Azotate d'argent,   id.
Tanin,   rien.
Chlorure d'or,   rien.
Chlorure de platine,   rien.
Phospho molybdate de soude, coloration verte.
Réactif de Frohde,   rien.
Réactif de Mayer,   rien.
Iodure double de potassium, rien.

Tous les produits d'arnicine, de quelque source qu'ils proviennent, notamment celle de Merck, fournissent les mêmes réactions.

Nous avons obtenu l'huile essentielle d'Arnica, en distillant cette plante à la vapeur. Par le repos, l'huile essentielle vient à la surface de l'eau distillée, et on la recueille au moyen d'une pipette. Ce procédé nous a donné une essence, d'un goût franc, bien supérieure à celle que l'on obtient quand on traite l'hydrolat par l'éther ou le sulfure de carbone, après l'avoir saturé de chlorure de sodium.

L'essence des fleurs d'Arnica est jaune, volatile et très-aromatique ; sa réaction est faiblement acide ; elle n'est soluble que dans seize parties d'alcool absolu et cent d'alcool du commerce.

L'essence de la racine est jaune; sa réaction est légèrement acide; elle est très-soluble dans l'alcool absolu et dans deux parties d'alcool ordinaire.

L'essence des feuilles et des tiges, obtenue par l'éther ou par le sulfure de carbone, était plus fluide, d'un reflet bleuâtre; elle avait un arrière petit goût d'éther ou de sulfure de carbone.

Walz assigne à l'huile essentielle la formule $C^{12} H^{24} O^{2}$.

ACTION PHYSIOLOGIQUE DE L'ARNICA

Maintenant que nous connaissons la constitution de l'Arnica, les substances qu'elle contient, celles du moins que l'analyse chimique vient de démontrer, il s'agit de résoudre la question très-importante de savoir quel est le principe réellement actif ou du moins utile en thérapeutique. Il existe un certain nombre d'observations et d'expériences que nous ne manquerons pas de relater dans un autre chapitre, qui démontrent l'action toxique de l'*Arnica montana* à forte dose.

Le dernier travail important est la thèse de M. Guillemot. Pour lui, le principe actif réside dans l'huile essentielle, laquelle, dit-il, est malheureusement très-difficile à isoler.

Quant à l'arnicine, il pense que ce n'est pas le principe actif de la plante et il fonde son opinion sur une expérience personnelle.

M. Gautier Lacroze, pharmacien à Clermont, lui ayant procuré 0 gr. 70 d'arnicine, M. Guillemot l'avala en une seule fois, et n'en ressentit d'autre effet qu'un peu d'amertume dans la gorge. Nos expériences personnelles et nos observations nous ont fait admettre que c'était moins à l'huile essentielle qu'à l'arnicine qu'il fallait attribuer les propriétés principales de l'Arnica.

Nous avons résolu de commencer l'étude physiologique de l'arnicine, et nous devons dire que dans *aucun auteur,* nous n'avons trouvé de recherches sur cette substance. Les quelques résultats auxquels nous sommes arrivé seront un point de départ de recherches ultérieures plus complètes.

Nous allons donner d'abord la relation d'un certain nombre de faits qui montrent, d'un côté, les dangers de l'emploi de l'Arnica, et de l'autre, ses effets physiologiques. Nous citerons ensuite quelques cas où nous avons employé l'arnicine : de la comparaison de ces deux substances surgiront naturellement les conclusions de notre travail.

EMPLOI DE L'ARNICA

Observation I. — Au mois d'octobre 1867, le nommé Duminy, emballeur de la Douane, âgé de 69 ans, fait une chute de 5 à 6 mètres dans la vase du port. Il n'éprouve, sur le moment, qu'un brisement général dans les membres, se relève lui-même et prend, ce jour-là, une dose de 30 grammes de fleurs d'Arnica en décoction dans deux verres d'eau.

Il présenta au bout de quelques instants, des symptômes tellement graves, qu'il se crut atteint du choléra, qui alors règnait à Boulogne. Des efforts de vomissement, une anxiété extrême, un sentiment de constriction au niveau des attaches du diaphragme, de la pâleur; une sueur froide, le pouls petit et fréquent, des mouvements convulsifs dans les membres, alternant avec le tremblement de tout le corps, tels étaient les effets de cet empoisonnement.

Il n'est guère possible de mettre sur le compte des symptômes cérébraux survenus après la chute, les phénomènes qu'a présentés ce malade à M. Cazin qui est l'auteur de cette observation; les accidents cholériformes, le tremblement, la petitesse du pouls et son irrégularité pendant l'espace de huit jours, ne sont point les manifestations du début d'une inflammation du cerveau ou des méninges. Ces accidents n'auraient pas du reste cédé si vite et sans laisser de trace après avoir présenté une pareille intensité, s'ils eussent été dus au traumatisme.

Observation II. — Communication faite par le Dr A. Schumann, médecin praticien à Dresde, et traduite du *Schmidt's Jahrbücher*.

Madame M. âgée de 33 ans, dans le but de provoquer le retour de ses menstrues, prit le 12 février de l'année 1868, vers 10 heures du matin, deux tasses de thé à l'Arnica, pour lesquelles elle avait employé une pleine main de fleurs de la plante. Après une demi-heure survint un vomissement violent, une forte congestion à la tête, accompagnée de douleur et de vertige. Une diarrhée intense se manifesta dans le cours de la nuit avec une extrême douleur de ventre, telle que la malade poussait souvent des cris. Le nombre des selles était si considérable, qu'elle ne put me l'indiquer. Le soir, entre 6 et 7 heures, elle fut prise subitement d'un profond collapsus qui effraya tellement ses parents, qu'on vint me chercher en toute hâte. Je ne pus me rendre auprès de la pauvre femme qu'à 8 heures. Je la trouvai tellement affaissée que j'en conçus de l'inquiétude. Mais, au dire des personnes présentes, il y avait déjà du mieux dans son état.

Le visage était étiré, la peau froide, le pouls filiforme; je comptai 54 pulsations. La malade se plaignait sans cesse de violentes douleurs d'estomac qui persistèrent, malgré l'application de compresses chaudes et de cataplasmes.

J'ordonnai : teinture de thébaïque 1 gramme, potion gommeuse 100 grammes, à prendre par cuillerées à bouche toutes les demi-heures. Je recommandai en outre d'entourer la malade de linges chauds ; ses douleurs se calmèrent, et vers le milieu de la nuit elle put goûter le sommeil.

Le lendemain, son visage était altéré, elle était faible et abattue, mais toute douleur avait cessé; je fus frappé de la fraîcheur de la peau. Le pouls était mou et petit, il marquait 60 pulsations. Bien que la fréquence de selles se fût calmée, j'ordonnai encore une potion opiacée à prendre en trois fois.

Le lendemain on m'envoya chercher ; la malade avait encore eu de fortes douleurs d'estomac et éprouvé des étouffements ; elle avait vu apparaître ses menstrues et perdait quelques gouttes de sang par la vulve. Le pouls était de nouveau faible et allongé; les évacuations alvines recommencèrent. L'opium avait eu au début un effet si favorable que je le prescrivis de nouveau. J'ordonnai en outre, pour faciliter l'écoulement des règles, un bain de siége chaud. La malade ayant en plus tous les signes d'une congestion pulmonaire, et se plaignant d'étouffer, j'appliquai un sinapisme sur la poitrine et la laissai dans cet état. Mais on ne tarda pas à me revenir chercher.

A mon arrivée, le pouls était toujours très-faible, le doigt le sentait à peine, il n'y avait que 60 pulsations.

Je prescrivis à l'instant : morphine un centigramme, potion gommeuse 100 grammes, à prendre par cuillerées toutes les demi-heures jusqu'à ce que les douleurs eussent disparu, cataplasme laudanisé sur l'estomac. Les douleurs cessèrent après la deuxième dose de morphine ; elles reparurent dans la nuit vers une heure et cédèrent à une dose réitérée.

Je trouvai dans la matinée la malade très-abattue, mais délivrée de ses douleurs; son pouls s'était relevé, il était plus plein et remonté à 80 pulsations. Comme elle avait quitté le lit, elle le reprit suivant mon conseil et je continuai d'ordonner la diète, la morphine au besoin. Elle ne dut en prendre qu'une seule fois, vers le soir. Les jours qui suivirent, le pouls se maintint à l'état normal marquant 80. Mais comme la malade restait sans appétit, je prescrivis la teinture

3

de noix vomique 10 gouttes, trois fois par jour. Les selles étaient redevenues normales, mais ce ne fut que le 5 mars que la malade se trouva complètement rétablie.

Nous n'avons qu'une chose à regretter dans cette belle observation, c'est que la température n'ait pas été prise ; mais deux circonstances nous font admettre avec une bien grande probabilité qu'elle se trouvait abaissée, c'est le ralentissement considérable du pouls et la fraîcheur de la peau, sensible à la main.

Observation III. — Traduite du *Schmidt's Jahrbücher* (Communication du docteur Meding, médecin à Franckhenberg).

Madame K., jouissant de la meilleure santé, âgée de 21 ans, but, le 24 février 1870, au soir, une infusion d'Arnica (une cuillerée à bouche environ de pétales de fleurs) pour rappeler ses règles. Elle soutient d'ailleurs qu'elle avait à cette époque de bonnes raisons pour ne pas se croire enceinte.

Dans la nuit survinrent des vomissements, une diarrhée aqueuse intense, du ténesme rectal, une douleur extrême à l'estomac. La prostration devint rapidement inquiétante.

Je la vis le 25 février, à 9 heures du matin. La malade, d'ailleurs bien constituée et chez laquelle on ne reconnaissait aucun signe de maladie organique, vomissait sans désemparer un liquide jaunâtre et d'une odeur nauséeuse ; elle m'avoua que pendant la nuit elle n'avait, pour ainsi dire, pas quitté le vase. Les extrémités étaient fraîches ainsi que le visage, le pouls faible et allongé ; la pression sur l'épigastre et le bas-ventre augmentait l'intensité des douleurs.

Prescription: morceaux de glaces à avaler, compresses chaudes.

Dans la journée, les vomissements et la diarrhée diminuèrent, mais l'épigastre restait toujours douloureux à la pression.

Je revis la malade le 26 au matin : elle me dit que pendant la nuit les douleurs étaient de plus en plus violentes. Je prescrivis : injection sous-cutanée de morphine, cataplasme de farine de graine de lin, tisane d'orge, diète.

Amélioration dans l'après-midi ; j'administrai : morphine 2 centigrammes. Les accidents se calmèrent pendant la journée, mais subirent comme la veille une nouvelle exacerbation pendant la nuit, tellement qu'on vint me demander à minuit. Je donnai une injection de chlorhydrate de morphine. Les douleurs d'entrailles cédèrent de plus en plus, mais ne les voyant pas disparaître complètement, je fis, le 27 au matin, une nouvelle injection de ce sel. A partir de ce moment, il n'y eut plus ni évacuations alvines, ni vomissements, et les accidents se calmèrent peu à peu ; cependant, le 1er mars, époque à laquelle reparurent les menstrues, l'épigastre était encore douloureux à la pression.

Observation IV. — D'après le journal l'*Académie de Turin*, cité par M. Ferrand (*Journal de Chim. méd., de Pharm. et de Toxicologie*, septembre 1869), une femme encore jeune, ayant bu 2 tasses d'infusion préparée avec une pincée de feuilles d'Arnica et un litre d'eau, présenta, une demi-heure après, les symptômes suivants : vomissements violents, céphalalgie intense, diarrhée cholériforme, douleurs épigastriques et coliques, affaiblissement général, refroidissement des extrémités, pouls très-lent et très-faible. La guérison ne fut complète qu'après 12 jours de traitement par les opiacés.

Cette observation, toute courte qu'elle est, résume si bien les effets de l'Arnica, que nous ne pouvions nous dispenser de la reproduire. Il nous a malheureusement été impossible de retrouver le journal l'*Académie de Turin*, où l'original aurait probablement présenté encore plus d'intérêt que le résumé de M. Ferrand.

Observation V. — Un homme de 30 ans, croyant prendre de l'élixir d'angélique, avala 15 grammes de teinture d'Arnica. Environ 20 minutes après, il éprouva une céphalalgie violente, des vertiges, des nausées, des vomissements ; une heure s'écoula ainsi, au bout de laquelle somnolence et enfin sommeil profond qui dura 11 heures. La guérison ne fut obtenue que le 7e jour (Ferrand).

Observation VI. — Empoisonnement par la teinture d'Arnica, observé par le docteur H. Bertin, à l'hôpital S.-Mary's (*Lancet*, 21 novembre 1864).

Le 4 août 1864, on porta à l'hôpital un homme d'âge moyen, qui avait bu environ une once de teinture d'Arnica. Sauf une faible sensation d'ardeur à la gorge, le malade, après l'absorption, n'avait pas été sensiblement incommodé. Il avait dormi dans la nuit; mais le lendemain, 8 heures après avoir bu, il ressentit une violente douleur au creux de l'estomac, douleur qui augmentait à la pression, en même temps une faiblesse extrême; c'est 10 heures après l'empoisonnement, que le malade fut porté à l'hôpital dans un état des plus graves. Ses yeux étaient affaissés et atones, les pupilles dilatées ne se contractaient point à la lumière, le pouls était faible et irrégulier, la peau froide et sèche. On administra 20 gouttes de teinture d'opium avec du Brandy : il y eut légère amélioration. Une semblable dose, l'application de couvertures chaudes et d'eau bouillante, remirent petit à petit le malade, si bien qu'il put le second jour être renvoyé.

Observation VII. — Communication de trois empoisonnements (*Journal des Connaissances médico-chirurgicales*, novembre 1853), par le docteur L. Turck, de Plombières.

Méline Louis, de Granges de Plombières, grand et fort, d'une santé excellente, porta, le 21 juillet 1849, une charge trop lourde qui lui causa des douleurs dans le dos et de l'oppression, sans toux ni crachement de sang. Sa mère lui fit une très-forte décoction de fleurs d'Arnica. Il paraît qu'elle avait mis une grosse poignée de fleurs récemment desséchées dans un demi-litre d'eau bouillante.

Bientôt après, Méline ressentit une agitation générale qui alla en s'aggravant à tel point, qu'au 4e jour il y avait un tétanos général droit. Cet état durait depuis trois jours, quand je fus appelé auprès du malade. Sa femme et lui attribuèrent tous ces accidents à l'infusion trop forte qu'il avait prise, sa santé ayant été très-bonne jusque là. A l'aide d'inspirations de chloroforme, je fis momentanément cesser le tétanos. Ces inspirations furent répétées quatre fois en deux jours. Les accidents disparurent une première fois pendant deux heures, une seconde fois pendant une heure seulement, la dernière fois pendant une demi-heure à peine.

Méline mourut le 1er avril; pas d'autopsie, extérieurement rien n'indiquait chez lui de blessure; mais s'il y en avait une, bien certainement l'action violente de l'Arnica a dû exercer une influence funeste.

· J'ai vu l'Arnica, ajoute M. Turck, employé à grande dose par une fille, et dans le but de se débarrasser du produit de la conception, amener des douleurs abdominales très-violentes, simulant la péritonite et compliquées d'une agitation nerveuse générale. Dans ce cas, j'ai pu sauver la mère et l'enfant. M. le docteur Grillot a observé, dans un accident du même genre, des vertiges assez forts pendant quelques heures pour empêcher la malade de se tenir debout ou assise.

Nous avons fait nous-même une expérience avec l'Arnica; les symptômes qui se sont manifestés se rapprochent considérablement de ceux qu'on a notés dans les expériences précédentes. C'est la même sensation dans le pharynx et dans l'œsophage, la même salivation, les mêmes phénomènes nauséeux.

Observation VIII. — Mlle M., ma parente, jeune personne de 24 ans, d'un bon tempérament, consentit à se soumettre à une de nos expériences sur l'Arnica. Nous lui préparâmes une infusion de plusieurs heures avec 10 grammes de fleurs de cette plante, épuisée deux fois dans un demi-litre d'eau bouillante. Le quart de cette infusion fut pris un soir, vers 8 heures, et presqu'immédiatement suivi de nausées, de salivation, d'une sensation de chaleur le long de l'œsophage, de douleurs à l'épigastre et de quelques coliques.

Cette demoiselle éprouvait encore ces phénomènes deux heures après, quand elle se coucha; toutefois elle put dormir comme d'habitude.

Le lendemain, le reste de l'infusion fut pris par petites quantités dans la journée et produisit, indépendamment des symptômes que nous venons de citer, des battements de cœur, de l'oppression, de l'inappétence ; le pouls était fort, la peau chaude.

Elle se coucha à 10 heures ; vers 2 heures du matin elle ne put se rendormir, accusant de l'oppression, des bourdonnements d'oreilles, des nausées et des douleurs à l'épigastre, si fortes, qu'elle crut devoir nous faire prévenir.

Les douleurs se calmèrent et la malade dormit jusqu'au matin, après qu'elle eut pris un calmant, que nous lui préparâmes avec sirop de morphine, une cuillerée à soupe, eau de laurier cerise, une cuillerée à café, délayés dans un peu d'eau. Le lendemain, son visage était pâle ; elle était faible et abattue, et de temps en temps éprouvait des douleurs lancinantes dans le bas-ventre et des palpitations de cœur ; les douleurs à l'épigastre existaient encore. Vers 8 heures du soir, le sirop de morphine et l'eau de laurier cerise calmèrent une seconde fois les douleurs ; mais la faiblesse persistant, la personne soumise à l'expérience n'avait pu prendre qu'un léger potage à midi. Vers 10 heures du soir, l'indisposition augmenta, la salivation devint plus abondante, le pouls était petit, la température du corps à 37° ; puis cette indisposition fut suivie de vomissements aqueux peu abondants.

La malade se coucha, dormit bien, et le lendemain matin elle ne ressentait plus aucun mal et se portait aussi bien qu'avant l'expérience.

Dans les Vosges, aux environs de Saint-Dié, l'Arnica est un remède populaire souvent employé dans une foule de circonstances. J'ai pu recueillir trois observations, que je résume, où l'emploi de cette plante provoqua aussi quelques accidents.

Observation IX. — Le nommé J. Claudel, cultivateur, ayant ressenti un point de côté à la suite d'un effort, prit pour se guérir une forte décoction d'Arnica qui lui occasionna des maux de tête, des vertiges et un malaise général qui l'empêchèrent de travailler toute la journée ; il perdit l'appétit et ressentit de continuelles envies de vomir. Le lendemain tous les symptômes avaient disparu et le malade put reprendre ses occupations journalières.

Observation X. — Le nommé Guillemin, cultivateur, fut pris, il y a quelques années, d'un point de côté qui l'empêchait de travailler. Il fit apporter de la ville des fleurs d'Arnica (il pouvait y en avoir 10 grammes) ; avec cette dose il prépara une décoction qu'il but le soir en se couchant. Une demi-heure ou une heure après, il fut pris de soubresauts qui réveillèrent son frère couché à côté de lui. Il avait en outre de la rigidité des membres, il écumait et ne répondait pas aux questions qu'on lui adressait.

Sa famille lui donna des soins, et il se remit bientôt.

Observation XI. — Le nommé Vilmin, bûcheron, vivait dans de mauvaises conditions hygiéniques; depuis longtemps il vomissait, avait des douleurs à l'épigastre, et ses aliments ne digéraient pas. Il crut que la douleur à l'épigastre était le résultat d'un effort de travail et, sur l'avis d'un de ses amis, il but un bol d'une décoction très-concentrée d'Arnica. Une heure après environ, il fut pris de céphalalgie, de mouvements convulsifs dans les membres, surtout dans les membres inférieurs, de nausées et de météorisme.

Le malade tâchait de se promener pour dissiper ses douleurs; mais celles-ci, étant trop fortes, l'obligèrent à se coucher. Enfin il vomit et son état s'améliora, mais il conserva son mal d'estomac pour lequel il fut traité.

Observation XII (1). — Un homme de 74 ans, dont l'ouïe s'était affaiblie depuis quelques mois, à tel point qu'il entendait très-peu de l'oreille gauche et nullement de l'oreille droite, fut traité par l'Arnica. On lui versa dans les oreilles, toutes les trois heures, une infusion d'Arnica. Au bout de huit jours il entendit très-bien des deux oreilles. Il vécut encore cinq ans, sa surdité revint quelquefois, mais elle disparaissait chaque fois qu'il renouvelait son traitement.

Jorg donne ainsi l'analyse des sensations qu'il a éprouvées en se donnant lui-même comme sujet d'expérience.

Sorte de grattement et de cuisson dans la bouche, le pharynx et l'œsophage, salivation abondante; le pharynx semble gonflé et on éprouve des élancements à la base de la langue, une heure après l'ingestion de la substance toxique, crampes d'estomac, sensation de picotement, de plénitude et de pression à la région épigastrique et dans les hypocondres, nausées; au bout de deux heures de malaise, tranchées et météorisme intestinal, les évacuations alvines commencent, elles sont difficiles et accompagnées de flatuosités, le pouls est inégal et intermittent; il y a de la lourdeur de tête, des éblouissements, des tintements d'oreilles, sensation de resserrement aux tempes, la nuit, le sommeil est agité par des rêvasseries, des réveils en sursaut, des crampes dans les jambes et une douleur contusive entre les épaules. Il est à regretter que Jorg n'indique pas la dose employée.

MM. Herwig et Wiborg (*Art méd.*) ont donné l'Arnica à des chevaux à

(1) « *Journal de Physiologie et de Chimie,* Leipsick 1846. »

petites doses, 4 à 8 grammes. Ils ont observé de l'augmentation des urines, de l'agitation, du tremblement, des palpitations. A hautes doses, 120 grammes : les poils se hérissent, les baillements deviennent fréquents, les selles se répètent plusieurs fois de suite. Il paraît qu'il y eut une autopsie dans laquelle on se contenta de signaler la congestion des principaux viscères.

D'après Linnée, les chèvres sont très-friandes de l'Arnica ; mais les bœufs l'évitent avec soin, quand ils le rencontrent dans les pâturages : *Capras in deliciis habere plantam Linnœus annotavit, boves intactam relinquere* (P.-A. Schütt). Nous avons pu en faire prendre de fortes doses à des lapins, sans observer aucun effet toxique.

ACTION PHYSIOLOGIQUE DE L'ARNICINE

EXPÉRIENCES SUR LES ANIMAUX

Nous avons déjà dit que l'arnicine n'avait pas encore été expérimentée. Nos premières expériences furent faites sur des animaux.

1º Nous faisons une injection sous-cutanée à une très-forte grenouille, avec deux centigrammes d'arnicine ; cet animal, qui était très-calme auparavant, est remis dans un bocal ; il semble fortement excité, fait des sauts nombreux et précipités, les repos intermédiaires sont courts : il donne des symptômes d'agitation, comme s'il fuyait une main qui le poursuit.

Cet effet dure environ un quart d'heure ; après quoi, la grenouille se calme, reste en repos sans être autrement incommodée et continue à vivre.

2º Nous injectons à une autre grenouille, trois centigrammes d'arnicine ; elle s'agite quelques instants, fait quelques bonds, a quelques mouvements convulsifs dans les membres qu'elle écarte et rapproche successivement du tronc.

Ces mouvements alternatifs durent environ vingt minutes, puis la grenouille reste au repos dans sa position naturelle.

3º Une goutte d'huile essentielle d'Arnica, mise sous la peau de la première grenouille ; deux gouttes sous la peau de la seconde, déterminèrent aussi un certain degré d'excitation, moindre que celle que produit l'arnicine.

4° Cinq centigrammes d'arnicine sont introduits dans la bouche d'une grosse grenouille; quelques mouvements convulsifs sont suivis d'un état de rigidité apparente. Immobilité absolue qui persiste jusqu'au sixième jour où nous la trouvons morte.

5° Nous mettons à nu le cœur d'une grenouille qui battait 52 fois par minute, et nous faisons une injection sous-cutanée avec cinq centigrammes d'arnicine. Aussitôt nous remarquons une augmentation dans la force de ses contractions, sans que le nombre en soit notablement modifié.

Lorsque le cœur se ralentit dans son action, il suffit d'injecter une nouvelle quantité d'arnicine, pour voir encore la systole cardiaque se renforcer.

6° Nous observons, au microscope, l'espace interdigital d'une grenouille, aussitôt après une injection. Nous voyons les globules sanguins circuler plus rapidement dans les capillaires.

Nous pûmes voir en même temps que les globules conservaient leur forme, sans présenter la moindre altération.

Des injections sous-cutanées, faites à des lapins de belle taille, avec 0,025 et 0,05 d'arnicine, ne firent qu'augmenter les contractions du cœur. Les piqûres ne produisirent qu'un peu de rougeur.

EXPÉRIENCES SUR L'HOMME

Nous avons fait, sur nous-même, les quatre expériences suivantes, avec des doses variables d'arnicine.

Observation XII. — Ayant pris le matin vingt-cinq milligrammes d'arnicine sous forme pilulaire, et la même quantité le soir, nous ne tardons pas à éprouver, environ quinze minutes après l'ingestion de cette substance, un peu de chaleur à l'épigastre, quelques palpitations pendant environ trois quarts d'heure, sans nausées, ni maux de tête.

Observation XIII. — Un soir à onze heures, nous prenons cinq centigrammes d'arnicine en une seule fois, et un quart d'heure après, nous éprouvons les phénomènes suivants : sensation d'acreté le long de l'œsophage, douleur à l'épigastre, chaleur à la peau, les battements du cœur peu à peu sont renforcés. Bientôt apparaît un peu d'oppression, pesanteur douloureuse dans les régions frontales et temporales, légères démangeaisons à la peau, un peu de contracture de la mâchoire.

Le lendemain matin, la tête est encore lourde, il existe encore quelques douleurs épigastriques et de la céphalalgie. Ce malaise s'étant dissipé vers midi, je prends, une heure après, cinq centigrammes d'arnicine. Les mêmes symptômes réapparaissent, sauf la céphalalgie.

Observation XIV. — Cette fois, la dose d'arnicine fut de quinze centigrammes pris en trois fois dans la journée. Un quart d'heure après, le pouls, qui était à 80, monte jusqu'à 100 ; j'éprouve une sensation de chaleur à la peau, la température prise sous l'aisselle, s'élève à 37,7, un peu de ténesme vésical. Bientôt apparaissent quelques secousses convulsives dans les membres inférieurs surtout, démangeaisons à la tête et sur les autres parties du corps, surtout aux jambes ; pas de céphalalgie.

Observation XV. — Je prends, pendant trois jours de suite, vingt centigrammes d'arnicine, en pilules de vingt-cinq milligrammes, une toutes les heures.

Le premier jour, nous éprouvons les mêmes symptômes.

Le second jour, nous ressentons une sorte de lassitude, une difficulté notable dans la mastication et à la déglutition des aliments.

Le troisième jour, les effets se produisent à leur maximum d'intensité ; aux phénomènes d'excitation que nous avons éprouvés les premiers jours, succède une dépression, un affaiblissement remarquable ; les mouvements sont lourds, les membres sont comme fatigués, l'oppression très-forte ; le pouls est fort, plein et à 100 ; palpitations violentes, la peau est chaude et moite, la face est rouge, congestionnée, les artères carotides battent avec force, des bourdonnements d'oreilles très-forts. Du côté de la sensibilité, toujours ces mêmes démangeaisons insupportables. Il est à remarquer que, pendant ces trois jours, il n'y eut ni céphalalgie, ni douleur à l'épigastre, ni nausées, ni vomissement.

Quelques jours après cette expérience, les symptômes diminuent peu à peu ; nous craindrions réellement de répéter cette dernière expérience.

Observation XVI. — Ma parente, qui avait bien voulu se prêter à une expérience sur l'Arnica, me permit d'en faire une seconde avec l'arnicine. Je la remercie ici bien sincèrement du service qu'elle m'a rendu dans ce petit travail.

Au moment de l'expérience, nous prenons sa température et le tracé sphygmographique, trois heures après-midi. T. 37, P. 80, R. 20.

4

TRACÉ N° 1, *avant l'ingestion de l'arnicine.*

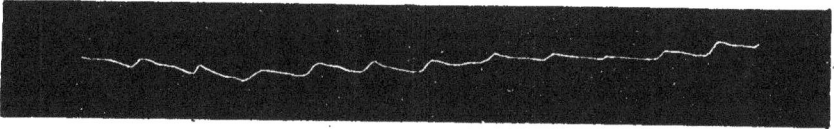

Elle prend cinq centigrammes d'arnicine en une fois : quelques instants après, elle ressent des douleurs à l'épigastre qui augmentent graduellement; la respiration devient plus forte, battements de cœur et pouls plus fort, un peu de chaleur à la peau et de lassitude dans les membres.

3 heures ¼. T. 37.4, P. 95, R. 26. Nous prenons son tracé.

TRACÉ N° 2, *après.*

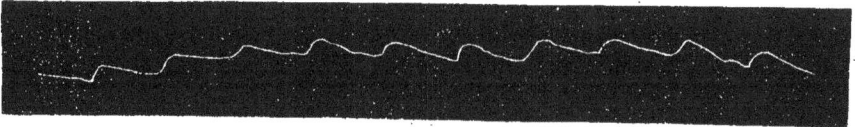

4 heures ¼. La douleur épigastrique existe encore et se communique à la partie correspondant à l'épigastre.

5 heures. Pouls et battements de cœur toujours forts, secousses musculaires et petits frissons; les douleurs persistent toujours. Elles augmentent au point que la personne se couche. Ces douleurs sont tellement vives, que nous croyons utile de lui faire prendre le calmant qui lui a réussi dans notre expérience sur l'Arnica : sirop de morphine et eau de laurier cerise dans un peu d'eau.

5 heures ½. Les douleurs, les secousses musculaires et les frissons diminuent.

6 heures. La personne se trouve mieux, le pouls est fort et plein.

7 heures. Elle mange de bon appétit.

10 heures. La personne a encore des palpitations, le pouls est plus fort qu'avant l'expérience.

La personne n'a éprouvé ni salivation, ni nausées, ni vomissements, ni coliques, comme avec l'Arnica.

Le lendemain matin, elle ne se ressentait plus de rien.

ACTION PHYSIOLOGIQUE DE L'ARNICINE COMPARÉE A CELLE DE L'ARNICA

Nos observations et nos expériences démontrent : qu'il existe une différence d'action entre l'Arnica et l'arnicine ; que l'Arnica possède des propriétés émétocathartiques que l'on ne retrouve plus dans l'arnicine. L'action stimulante de cette dernière substance persiste seule et se dégage de tout effet secondaire qui pourrait la troubler.

Les premiers phénomènes observés après l'emploi de cinq centigrammes d'arnicine, sont une sensation de chaleur irritante à l'épigastre, une activité de la circulation plus grande, des battements de cœur plus forts.

A dose plus élevée, quinze ou vingt centigrammes, on observe un peu de trismus, de la contracture des muscles du thorax, qui empêche son ampliation complète et détermine un peu de dyspnée. En un mot, on observe, du côté de l'appareil musculaire, une excitation générale qui se manifeste par de la contracture.

La sensibilité est également exaltée, ce que démontrent les picotements, les fourmillements et les démangeaisons à la tête et dans les membres.

Rien de particulier du côté de l'intelligence.

Les phénomènes se succèdent dans l'ordre que nous venons d'indiquer ; ils apparaissent un quart-d'heure après l'ingestion de l'arnicine ; ils durent une ou plusieurs heures, suivant la dose. Lorsque la dose est élevée à quinze ou vingt centigrammes, ces phénomènes sont perçus encore plusieurs jours après qu'on a cessé l'emploi du médicament.

Ils diminuent peu à peu et tout rentre dans l'état normal.

De la comparaison de l'Arnica et de l'arnicine, il résulte que cette dernière paraît dépourvue du principe éméto-cathartique qui serait la cytisine.

Observation XVII. — Vathier Louis, âgé de 70 ans, né à Metz, entre le 4 décembre 1877 à l'hôpital Saint-Charles, salle Saint-Joseph, lit numéro 9. Il fut pris d'une bronchite en 1872 ; depuis cette époque, tous les hivers il est sujet à une oppression et à une toux qui l'obligent à interrompre son travail. Au moindre effort, il est essoufflé, il tousse et crache ; l'expectoration est spumeuse, claire et abondante.

Au mois d'octobre, il entre une première fois à l'hôpital, où on le traite pour l'oppression, et alors on observe les symptômes suivants : la respiration est surtout abdominale, le thorax est un peu soulevé, les clavicules saillantes, le choc du cœur est faible, on perçoit difficilement la pointe qui paraît néanmoins se trouver au sixième espace intercostal. La matité précordiale est petite, ce qui tient à ce que le cœur est couvert par une lame de poumon ; le pouls est petit, régulier, égal.

Auscultation : en avant, des deux côtés, inspiration rude et sèche, quelques rhoncus à l'expiration surtout à gauche ; en arrière, sonorité normale et quelques rhoncus.

Le malade reste à l'hôpital jusqu'au 2 novembre, et sort calmé.

Il rentre à l'hôpital le 6 décembre ; on observe de nouveau une expectoration abondante ; le pouls est égal, régulier, lent, le choc du cœur est fort, se sent jusqu'à l'épigastre, la pointe est peu perceptible. L'inspiration est rude et sèche, sans râle, sonorité à la percussion en arrière, mais sans exagération.

Le malade est soumis au traitement par l'arnicine depuis le 7 décembre jusqu'au 27 du même mois.

Le 7 décembre, il prend cinq centigrammes d'arnicine en deux pilules ; on continue ce traitement jusqu'au 10, où il prend dix centigrammes d'arnicine en quatre pilules. On constate alors, que l'appétit devient meilleur, les digestions se font mieux, l'expectoration est moindre. On observe que depuis le 10 la température qui était au-dessous de 37, s'élève à 37,8 et 37,9 le soir, et descend le matin à 36. Le pouls, qui était à 60 avant l'expérience, se rapproche de 80 ; il y a donc réellement une augmentation légère de la température et du pouls.

Le 14, le malade prend six pilules, c'est-à-dire quinze centigrammes d'arnicine, et continue cette dose jusqu'au 25, où on supprime le médicament.

A cette dose il éprouva tous les effets de l'arnicine, tels que céphalalgie, palpitations de cœur, douleurs à l'épigastre, démangeaisons et chaleur à la peau, et diminution dans l'appétit.

Observation XVIII. — Le nommé Feglister Philippe, âgé de 74 ans, scieur de bois (né à Saint-Avold, Moselle), d'une constitution robuste, bien musclé, se plaint de toux et d'oppression. Il se dit malade depuis douze ans et n'aurait pas eu de maladie antérieure. A cette époque, il a travaillé dans un lieu humide et s'y serait enrhumé. Pendant deux ou trois jours, il aurait craché quelques caillots de sang noir ; au bout de huit jours il a repris son travail, quoique sa toux n'ait pas cessé. Depuis cette époque il tousse continuellement, mais beaucoup plus l'hiver que l'été. Il est facilement essoufflé depuis 7 ou 8 ans. Il dit que tous les étés, pendant les fortes chaleurs, il lui arrive de cracher un peu de sang. Le malade n'a jamais eu ni fièvre, ni frissons, ni point de côté.

Le malade nous dit qu'il tousse et crache surtout le matin. L'expectoration est abondante, muco-purulente, mêlée d'un liquide spumeux ; pas de crachats nummélaires, pas de vomique-apyrexie, trente inspirations par minute. A l'inspection, nous constatons que le thorax est bombé saillant, non amaigri, qu'il se soulève en masse et avec l'aide des muscles du cou, qui sont très en relief. Les creux sus et sous-claviculaires ne sont pas marqués. La percussion donne en avant et à droite de la submatité, sous la clavicule, dans les 1re et 2e espaces ; la sonorité est normale dans le reste des poumons en avant et en arrière, sauf dans les sommets où il y a diminution de sonorité.

A l'auscultation on entend en avant et à droite, sous la clavicule, de la respiration soufflée, l'expiration est prolongée, craquements humides. Dans le reste de la hauteur à droite et à gauche, la respiration est à peu près normale, mais on entend une grande quantité de râles muqueux, qui couvrent en partie le murmure vésiculaire ; en outre on perçoit des râles trachéaux.

En arrière et à droite, inspiration soufflée, presque caverneuse, et expiration également soufflée et prolongée, craquements humides et un peu de retentissement de la voix. Dans le reste des poumons, mêmes symptômes qu'en avant, sauf au sommet gauche où l'expiration est un peu prolongée.

Le malade n'a jamais eu de battements de cœur, ni d'œdème des extrémités inférieures. Le choc du cœur est régulier, pas de bruits anormaux, ni de dilatation des veines du cou.

Des symptômes qui précèdent, nous croyons pouvoir conclure que le malade est atteint de bronchite chronique avec emphysème et dilatation bronchique.

Dès son entrée à l'hôpital, le malade est soumis au traitement par l'arnicine, cinq centigrammes par jour à prendre en deux fois, matin et soir.

On porte la dose à dix centigrammes par jour. Quelques jours après, le malade s'aperçoit qu'il expectore mieux et que les fonctions digestives sont meilleures.

Quand le malade sortit, son état était notablement amélioré et son sommeil plus calme.

Observation XIX. — Le nommé Bambure Louis, âgé de 50 ans, tanneur, s'était toujours bien porté ; il était du reste bien constitué et était entré au service de M. le professeur V. Parisot, pour une paraplégie survenue à la suite d'une chute d'un deuxième étage qu'il fit il y a dix ans. Cette chute, indépendamment d'une fracture de la jambe et d'une luxation de l'épaule, avait déterminé une hémorrhagie par la bouche, les oreilles et le canal de l'urèthre.

Transporté à l'hôpital de sa localité (Le Cateau, Nord) il ne revint à lui, dit-il, que quatre-vingts jours après son entrée. Il s'aperçut alors qu'il voyait trouble de l'œil droit, qu'il entendait dur de l'oreille droite, que le même côté de la tête était insensible, que de plus, il marchait difficilement et qu'il ne pouvait plus retenir ses urines. Le traitement qu'il suivit lui permit de nouveau de travailler de sa profession ; mais le 7 janvier dernier, il fut obligé de demander à entrer à l'hôpital, et fut admis dans le service de M. V. Parisot, où il occupait le lit n° 5 de la salle Saint-Sébastien.

A son entrée, le malade urinait, nous a-t-il dit, environ un quart de litre par vingt-quatre heures, et il avait un peu de fièvre, de 3 à 10 heures du soir. Le malade n'avait ni œdème, ni ascite, ni aucun symptôme qui accusât un trouble de la circulation, mais une incontinence d'urine.

Le 15 janvier, la veille du traitement avec l'arnicine :

Le soir,   T. 38, P. 84, R. 20.
Le 16 matin,   37   80   20.
Arnicine 005 à prendre en deux fois.
Le 16 soir, T. 38, P. 84, R. 20.
Le 17 matin,   36,5   80   20.
Le 17 soir,   38   80   20.
Le 18 matin,   37,6   80   26.
Le malade a éprouvé de la chaleur à l'épigastre.
Le 18 soir, T. 38, P. 80, R. 20.
Il trouve qu'il a meilleur appétit.
Le 19 matin, T. 37,5, P. 80, R. 20.
Le malade se trouve mieux.
Le 19 soir, T. 38, P. 100, R. 24.
Le 20 matin,   37   70   20.
Les douleurs articulaires ont diminué, arnicine 007 en trois fois.
Le 20 soir, T. 37,5, P. 80, R. 20.
Le malade dit que les envies d'uriner sont précédées d'un chatouillement dans le canal de l'urèthre, et que depuis quelque temps il a des érections.
Le 21 matin, T. 37,7, P. 80, R. 20.
Le 21 soir,   id.   id.   id.
Le 22 matin,   id.   id.   id.
Le malade dit qu'il ressent souvent des fourmillements dans les jambes ; l'état général est bon.

Le 22 soir,   T. 37.7, P. 80, R. 20.

Le 23 matin   id.   75   20.

Arnicine dix centigrammes en quatre fois.

Le malade marche moins difficilement; il sent le sol, voit mieux de l'œil droit; la sensibilité de la tête du côté droit est revenue, l'appétit est bon; le malade dit que depuis plusieurs jours la mastication et la déglutition sont moins faciles. Il dort bien, n'a plus de douleurs en urinant, peut tendre la jambe, et la sensibilité est revenue aux extrémités.

Le 24, le malade va de mieux en mieux, il peut marcher les yeux fermés.

Pour prouver l'augmentation des pulsations artérielles et l'élévation de la température, nous prenons la température axillaire et le tracé sphygmographique :

4 heures du soir, T. 38, P. 90, R. 30.

TRACÉ N⁰ 1, *avant l'injection.*

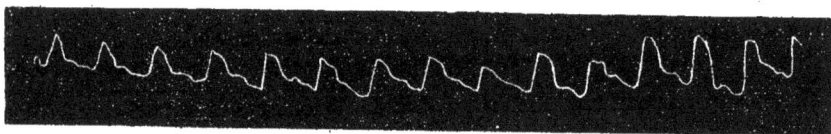

4 heures 10. Il reçoit une injection sous-cutanée contenant cinq centigrammes d'arnicine.

4 heures 25. Le pouls est plus fort, on le voit battre très-distinctement sous la peau, ce qu'on ne voyait pas avant l'injection.

4 heures 50. Même état, un peu de chaleur à l'épigastre depuis quelques minutes, dit-il.

TRACÉ N⁰ 2, *après l'injection.*

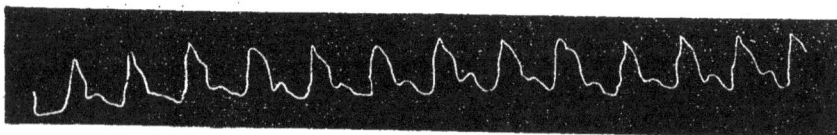

5 heures 30. Le pouls est un peu moins fort. T. 38.3, P. 100, R. 26.

Le 25 matin, T. 37,   P. 80, R. 20.

Le 26   id.   id.   **id.**

Le malade a pu uriner hier debout, l'état général est bon.

Le 27 matin. Même état et même température.

Le 28   id.   id.

Le 29, Bambure Louis sort de l'hôpital, faute de place. Avant son départ, il m'assura, en présence de l'élève de garde et des malades de sa salle, qu'il allait beaucoup mieux, qu'il marchait assez facilement, qu'il dormait bien et mangeait de bon appétit, qu'il voyait mieux et entendait mieux du côté droit, qu'il pouvait retenir ses urines, excepté la nuit pendant son sommeil. Les piqûres n'ont pas déterminé d'irritation locale.

Observation XX. — Durand Prosper, peintre en bâtiments, âgé de 39 ans, entre le 29 décembre une seconde fois à l'hôpital dans le service de M. Parisot. Depuis deux mois il éprouve des palpitations, et il a craché du sang pendant une quinzaine de jours.

L'auscultation du cœur ne donne rien d'anormal, le malade ne tousse ni ne crache, mais l'appétit est nul.

Il éprouve de la douleur dans la région lombaire.

3 janvier. La marche est difficile, il se tient courbé et tremble sur ses jambes. Diminution de la sensibilité dans les membres inférieurs. Il a des bourdonnements d'oreilles.

Le 4. Le malade a la sensibilité du sol, mais il est toujours courbé; quelques douleurs articulaires apparaissent à l'épaule et au coude du côté droit, ces douleurs augmentent par l'extension de l'avant-bras.

Le 9. Le malade a eu quelques vomissements.

Le 13. Régime lacté, plus de vomissements, urines difficiles, incontinence légère de matières fécales.

Tremblement des membres inférieurs, mouvements d'hésitation, mais pas d'ataxie proprement dite.

La marche est vacillante, le malade est courbé sur lui-même et porte la main droite dans la région rénale postérieure; il ressent une douleur localisée vers la partie inférieure des lombes, et qui augmente par la pression.

Le malade n'a pas dormi cette nuit, à cause des douleurs qu'il éprouvait à la partie interne des cuisses et dans le genou. Des douleurs lancinantes apparaissent. La plante du pied gauche qui auparavant n'avait pas la sensibilité du sol, l'a maintenant plus grande que la plante du pied droit.

Le 20. Le malade est constipé depuis plusieurs jours.

Arnicine 5 centigrammes en deux pilules, à prendre une le matin et une le soir.

Le 21. Rien de particulier.

Le 24. Le malade a éprouvé de légers maux de tête et de légères douleurs à l'épigastre. Il trouve que son appétit est meilleur. Arnicine soixante-quinze milligrammes en trois pilules, à prendre en trois fois dans la journée.

Le 26. Les fonctions digestives se font mieux. Les sécrétions intestinales et rénales sont normales. Le malade se sent plus de force, il tremble moins sur ses jambes.

Arnicine dix centigrammes en quatre pilules, à prendre en quatre fois dans la journée.

Le 27. L'état est bon, le malade ne ressent plus de douleurs articulaires.

Le 30. Durand peut marcher plus facilement qu'auparavant, il n'a plus besoin de porter ses mains sur la région rénale, il sent mieux le sol; toutes les fonctions se font bien.

Durand Prosper sort de l'hôpital le 6 février 1878, dans un état sensiblement amélioré.

Dix jours après, ce malade vient nous voir et nous demande de nouveau de continuer son traitement. Nous lui donnons de l'huile essentielle d'Arnica, une goutte par cuillerée à soupe d'alcool faible, à prendre quatre fois par jour.

Quelques jours après il allait mieux, mais il se tenait toujours courbé en marchant. Cependant il put reprendre son travail, qu'il n'a pas discontinué depuis.

EMPLOI THÉRAPEUTIQUE

Les anciens auteurs ont employé l'Arnica dans une foule de circonstances, et pour traiter les affections les plus disparates. Je crois qu'il n'est pas sans intérêt de rappeler les différents auteurs qui louent à tort ou à raison l'emploi de cette plante.

Ce tableau de pharmacopée ancienne nous démontrera une fois de plus, combien sont nécessaires les travaux physiologiques et physiologico-pathologiques, quand il s'agit de déterminer les indications d'un médicament.

Rœser employait l'Arnica pour calmer les diarrhées rebelles chez les personnes affaiblies.

Erstein s'en servait contre la diarrhée opiniâtre et les diarrhées cholériformes.

Reider en faisait le même usage.

HILDEBRAND pensait faire disparaître les symptômes inflammatoires, en général l'état comateux, les vertiges, etc.

KLUYSKENS a employé l'Arnica avec succès dans la rétention d'urine par atomie; le remède lui a réussi dans trois cas d'inertie de la vessie qui durait depuis quatre-vingts à cent jours, nonobstant l'emploi de la sonde.

LŒFFER l'employait contre les tumeurs froides avec l'esprit de Mindererus.

Jos. FRANCK s'exprime ainsi à l'égard de l'Arnica: Nous pensons que les fleurs d'Arnica n'ont pas été recommandées à tort contre les fièvres intermittentes, si le petit nombre d'essais que nous avons faits à cet égard mérite quelques considérations, et cela dans les fièvres tierces automnales, les quartes, celles qui sont sujettes à récidiver sans cause connue, avec disposition aux obstructions vésicales, à l'œdème sans aucune tendance inflammatoire.

ASKOOF a préconisé l'Arnica contre les paralysies de la vessie.

COLLIN rapporte vingt-huit cas de paralysies guéries par les fleurs d'Arnica. Il faut observer que les douleurs, les tiraillements, les picotements que les malades ressentent dans les parties malades, sont les signes non équivoques de l'action du remède et de son efficacité.

Il admet l'efficacité de l'Arnica comme emménagogue. On conçoit facilement, dit-il, que l'excitation qui en résulte peut être utile dans cette maladie, surtout chez les femmes d'une faible complexion, ou affectées d'une disposition scrofuleuse.

GRÆFE a employé, dans un cas de paralysie du bras, due à une forte commotion, les fleurs d'Arnica.

SCHNEIDER a trouvé l'huile essentielle d'Arnica efficace contre les paralysies invétérées, survenues à la suite d'accès apoplectiques. Il en mêlait quatre gouttes avec quatre grammes de liqueur d'Hoffmann, ou d'esprit de nitre, dont il donnait quatre à douze gouttes toutes les deux heures.

HUIN. La propriété dont jouit l'Arnica d'occasionner la cardialgie favorise le dégagement des vaisseaux capillaires, artériels. C'est pourquoi l'infusion de cette plante a été vantée comme vulnéraire, contre les contusions, les meurtrissures, les épanchements sanguins, à la suite de coups ou de chutes violents.

BARBIER. L'Arnica a la vertu particulière d'accélérer, même de décider la résorption du sang qui aurait pu s'épancher dans quelque point de l'encéphale.

JOURDAN. L'Arnica est un stimulant très-énergique, l'action sur l'estomac met presque toujours en jeu les sympathies de ce viscère. On l'emploie dans les rhumatismes chroniques et les paralysies. (*Dictionnaire encyclopédique, t. VI, p. 155.*)

ALTHOFF et HILDEBRAND l'ont vantée contre le typhus; M. Dechambre croit d'autant mieux à son utilité dans certaines formes de cette maladie, qu'il fait de l'infusion vineuse d'Arnica la boisson habituelle des sujets qui sont plongés dans l'adynamie typhoïde.

STOLL préconisait l'Arnica dans les fièvres muqueuses adynamiques, et il faisait précéder son emploi de l'administration des évacuants.

Le succès qu'il en obtenait s'explique par le réveil des forces, et par la stimulation opportune que ce médicament imprime dans ces cas au système nerveux.

La description de Stoll s'applique complétement du reste à la fièvre typhoïde à forme adynamique : hébétude, rêvasserie, surdité, sécheresse de la langue, abattement, etc.

Un praticien d'un sens exquis a apporté en faveur de l'Arnica, dans les fièvres graves, un témoignage confirmatif de celui de Stoll. C'est surtout, dit-il, dans cette forme particulière de fièvre typhoïde, caractérisée par l'enduit fuligineux de la langue, la prostration des forces, le délire obscur, le pouls faible, petit, accéléré, que ce médicament convient.

BRUCKNER. Contre certaines pneumonies, le catarrhe pulmonaire, l'action qu'exerce ce médicament sur les muscles de la vessie et des bronches justifie cet emploi. Dans le cas d'engouement pulmonaire par écume bronchique, chez les sujets affaiblis et qui présentent la forme dite pectorale de la fièvre typhoïde.

J'ai recours dans le même but et pour réveiller la contractilité des bronches aux préparations de noix vomique.

STOLL a beaucoup vanté l'Arnica contre la dyssenterie : autre analogie avec la noix vomique qui faisait la base du traitement préconisé par Moigstrom contre cette maladie et qui peut évidemment rendre de bons services dans la forme chronique, quand l'appétit languit et lorsqu'en l'absence de fièvre, il coexiste avec la dyssenterie des troubles dyspeptiques habituels.

GUIBOURT. La fleur d'Arnica prise en infusion est excitante, sudorifique et utile dans les affections rhumatismales et la paralysie.

GUBLER. L'Arnica est employée dans la torpeur cérébrale, c'est un remède populaire contre les coups, blessures, contusions.

JACCOUD. Effets physiologiques de l'Arnica. A dose faible, l'Arnica est un tonique excitant, mais à dose plus élevée, il produit de l'irritation de l'estomac et du tube digestif avec pesanteur, anxiété à la région épigastrique, de la cardialgie, des nausées, des vomissements; plus tard, des étourdissements, de la céphalalgie, des mouvements convulsifs, de la dyspnée, du délire, etc.; à dose plus élevée, il amène des accidents graves, des hémorrhagies et la mort.

M. le docteur GENTIL, à Amorbach (*Journ. de Méd. de Bruxelles*, Janvier 1856) rapporte que, dans une épidémie de coqueluche, qui régna dans cette localité, il vit échouer successivement tous les moyens les plus vantés comme avantageux dans cette affection. Dans cette épidémie, qui fut très-meurtrière, il n'y eut que l'Arnica qui rendit de bons services; il le prescrivait à la dose de 2 à 4 grammes pour une décoction à prendre dans la journée.

HUFELAND (*Manuel de Méd. prat.*) employait avec succès la décoction d'Arnica dans la bronchite capillaire, après la saignée et les vomitifs.

Les oculistes allemands font un grand usage de l'Arnica (Foussagrives), et, en France, Deval a signalé comme très-utile, après un traumatisme à l'œil, l'application de compresses imbibées avec une solution ainsi composée : une cuillerée à café de teinture d'Arnica dans un verre d'eau froide.

C'est de cette manière qu'il a réussi au docteur CODE (*Journal des Conn. médico-chirurg.*, Mai 1856.)

Sur 31 opérés de la cataracte, dit ce médecin, l'Arnica a conjuré la réaction inflammatoire 21 fois, dont 2 avec lésions traumatiques de l'iris (obs. 21 et 26); accident qui avait été jusqu'à ce jour dans ma pratique une cause constante d'iritis et souvent d'insuccès; 7 fois seulement l'Arnica a échoué, l'inflammation ayant éclaté 7 fois le jour même de l'opération et après 5 ou 6 heures de l'emploi du médicament.

Dans trois cas, où l'inflammation s'est manifestée sans cause appréciable, entre le dixième et le vingt-cinquième jour de l'opération, on ne peut accuser l'impuissance de l'Arnica, dont l'usage est ordinairement interrompu du troisième au quatrième, et dont la durée d'action ne nous paraît pas devoir se prolonger au delà de trois ou quatre jours. Néanmoins, dans les cas les moins heureux, où l'inflammation se manifestait les jours qui suivaient l'opération, ces accidents consécutifs semblaient avoir acquis, sous l'influence de notre traitement préventif, une bénignité particulière.

L'auteur de la communication que nous citons, ajoute que depuis l'introduction de l'Arnica, auquel il associe parfois l'acconit, sans doute comme substance synergique, dans le traitement prophylactique et abortif des accidents inflammatoires à la suite des opérations de cataracte, le chiffre de ses succès a doublé proportionnellement de plus de moitié; puisqu'il a eu, malgré quelques complications, le bonheur d'obtenir en fin de compte trente-huit réussites, tandis que, dans un mémoire couronné par l'Institut médical de Valence, qui présentait un tableau de 198 opérations, il n'avait pu établir que 6 succès sur 7 opérations.

Tous les auteurs nous ont laissé des observations nombreuses, mais trop succinctes, dans lesquelles l'Arnica leur a été utile.

L'Arnica a été employée à l'extérieur par le docteur Nogel, dans l'hydrocépha-lie aiguë. Après avoir fait raser la tête, il fait pratiquer de demi-heure en demi-heure, des fomentations avec une infusion froide, de soixante grammes d'Arnica pour un kilogr. d'eau bouillante. M. Nogel rapporte l'observation d'un garçon âgé de neuf ans qui, après deux heures de l'emploi de ce moyen, commença à respirer profondément et ouvrit les yeux comme au sortir d'un sommeil normal ; la dilatation des pupilles diminua peu à peu, la connaissance revint et le pouls se releva. Plus tard il se manifesta plusieurs phénomènes critiques : des sueurs d'abord, puis des selles copieuses, puis une diurèse abondante, de sorte que la disparition des symptômes cérébraux fut heureusement suivie de celle de l'ana-sarque (*Jour. des Conn. méd. chirurg.*, août 1849). Le docteur Bergery cite, dans le recueil périodique de la Société de médecine de Paris, le cas très-remarquable d'une jeune femme qui, à la suite d'une fièvre mal jugée, éprouvait une sorte d'engourdissement et un état d'impuissance dans les membres inférieurs. Ce médecin lui prescrivit l'Arnica en décoction et en électuaire, et bientôt la malade éprouva des fourmillements et des douleurs auxquelles succéda la resti-tution complète du mouvement et de la sensibilité.

Nous avons eu l'occasion de prendre un certain nombre d'observations dans les services de clinique de MM. les professeurs Bernheim et Parisot. Comme c'est un médicament nouveau dont les effets physiologiques ni les indications théra-peutiques ne sont suffisamment connus, nous avons dû expérimenter un peu au hasard, nous avons songé à utiliser tout d'abord ses propriétés excitantes géné-rales sur la circulation.

Dans un autre groupe d'observations, nous avons mis à profit ses effets exci-tants sur le système nerveux cérébro-spinal, notamment dans des lésions de la moëlle épinière.

EFFETS SUR LA CIRCULATION

Nous avons toujours remarqué du côté du cœur, une augmentation dans la force des contractions et de la tension sanguine ; deux tracés sphygmographiques pris l'un avant, l'autre après une injection hypodermique, prouvent nettement cette action. C'est sur le malade nommé Bambure Louis, qui fait l'objet de l'observation n° 19, que ces tracés ont été pris.

Dans le tracé n° 2, la ligne d'ascension est plus élevée, se rapproche plus de la verticale. Les pulsations montrent aussi plus de régularité dans leur ensemble. La température s'élève légèrement de quelques dixièmes de degré ; souvent on observe des phénomènes congestifs du côté du cerveau.

Pour tous ces motifs nous pouvons conclure que l'action de l'arnicine se rapproche des médicaments stimulants du cœur. Borda et les médecins de Berlin considéraient l'Arnica comme un agent très-puissant dans les maladies du poumon. Buchner, Richer et Nogel l'ont administré dans la peripneumonie et Delamarche dans le rhumatisme articulaire aigu.

Les succès obtenus dans ces maladies par cette médication empirique peuvent s'expliquer, si l'on se souvient de la rapidité avec laquelle on arrive à régulariser la circulation avec l'arnicine. Elle agit moins énergiquement que la digitale ; mais elle a l'avantage d'agir plus promptement.

INDICATIONS THÉRAPEUTIQUES

Comme il n'est pour ainsi dire pas de maladies au traitement desquelles l'Arnica n'ait été employé, alors qu'il était d'usage de l'administrer à l'intérieur, il est bon d'indiquer dans quelles circonstances il paraît être plus spécialement recommandé. Aujourd'hui son emploi est assez restreint, du moins en France. L'Arnica ne mérite ni cet excès d'honneur ni cette indignité, comme le dit M. Foussagrives. Nous croyons pouvoir étudier l'action de l'arnicine, la physiologie venant à notre aide, suivant une méthode plus rationnelle et moins empirique. Il nous a semblé qu'on pouvait d'une façon logique adopter l'ordre suivant, qui résulte des effets de l'arnicine sur chacun des grands appareils de l'économie : l'action sur le tube digestif, l'action sur la circulation, sur le système nerveux et sur les téguments.

ACTION SUR LE TUBE DIGESTIF

Tandis que l'Arnica était employée autrefois comme vomitif, l'arnicine, comme nous l'avons déjà vu, ne possède pas cette propriété ; au contraire, elle constitue à petite dose, cinq centigrammes, un agent stimulant des fonctions du tube digestif; dans quelques cas, nous l'avons vu augmenter l'appétit. Au lieu de déterminer une diarrhée abondante et séreuse, comme le fait l'Arnica, elle régularise la circulation intestinale, en excitant la contraction des fibres lisses de l'intestin. On peut donc rapprocher à ce point de vue son action de celle des toniques.

EFFETS THÉRAPEUTIQUES SUR LE SYSTÈME NERVEUX

L'observation des faits nous a montré que l'Arnica agit principalement sur l'appareil cérébro-spinal. Les symptômes consistent en un certain nombre de troubles fonctionnels : 1° Du côté de la motilité, une première période d'excitation caractérisée par du trismus, des secousses musculaires rapides comme l'éclair; difficulté de la déglutition, de la mastication, due à la contraction spasmodique des muscles, du pharynx et de la mâchoire; des érections fréquentes. 2° Du côté de la sensibilité, des picotements, des démangeaisons insupportables, quand elle est prise à haute dose. Du côté du cerveau, pas de symptômes particuliers. Les phénomènes observés rapprochent certainement l'action de l'arnicine de celle de la strychnine à dose peu élevée.

Déjà M. Foussagrives, fondant son opinion sur quelques observations, avait rapproché l'Arnica de la noix vomique. M. Guillemot, dans son travail, n'admet pas cette analogie. Il tend à placer l'Arnica dans le groupe des calchicacées, la rapproche principalement de la vératrine, principe actif du *Veratrum Album*, dont l'effet drastique est beaucoup plus actif que celui du *Viride*.

Ce sont surtout les effets éméto-cathartiques et la sidération du système nerveux qui leur succèdent, qui ont conduit ce dernier auteur à supposer à l'Arnica une action analogue à celle du *Veratrum Album*.

Nous avons déjà dit que l'arnicine ne fait jamais vomir, ni purger, ni saliver; elle ne produit pas un abaissement de température. D'après des expériences de Prevost, les effets de la vératrine portent surtout sur le système musculaire et peuvent être répartis en trois périodes : 1° une période d'excitation; 2° une période de contracture; 3° une période de résolution, déjà nettement décrite et indiquée par Kœlliker, qui a surtout mentionné les phénomènes d'inertie générale et la perte de l'excitabilité musculaire. Le phénomène le plus caractéristique de l'empoisonnement par la vératrine, est la paralysie musculaire; les muscles seuls sont atteints, et non les nerfs, ni même leurs plaques motrices terminales.

La sensibilité est d'abord surexcitée, puis paralysée ; la mort arrive rapidement par ralentissement du cœur. L'arnicine ne produit aucun de ces phénomènes, ce n'est que lorsque la dose est très-forte qu'on observe un peu de fatigue musculaire, mais qui n'est pas de la paralysie véritable.

Pour tous ces motifs, nous croyons qu'il faut comparer l'action de l'arnicine à celle de la strychnine à petite dose. Cette action est beaucoup moins violente, moins dangereuse et d'un usage plus facile ; il faut donc lui donner une place dans les médicaments excitomoteurs de la moëlle. Les secousses musculaires et le trismus, d'une part, démontrent une excitation des parties antérieures de la moëlle ; d'autre part, les démangeaisons, les fourmillements, sont une preuve de la stimulation des parties postérieures de cet organe. Les usages thérapeutiques rationnels comportent les états morbides où l'on doit remplir cette indication ; ils sont analogues à ceux de la strychnine.

PARALYSIES

Toutes les fois qu'il s'agit de réveiller le pouvoir excito-moteur de la moëlle, l'arnicine peut être indiquée. Exemple : dans les paraplégies, dont la cause n'est pas une altération organique destructive ; elle est indiquée encore dans l'hémiplégie, due à une hémorrhagie cérébrale ; mais il faut se garder de l'employer au début. Nous avons vu, en effet, que l'arnicine déterminait un mouvement congestif vers l'encéphale, qui pourrait être nuisible à ce moment ; au contraire, lorsque l'épanchement commence à se résorber, une activité plus grande de la circulation cérébrale favorise cette résorption ; d'ailleurs déjà l'Arnica a été employée souvent pour remplir cette indication. M. le professeur Schützenberger la prescrivait souvent dans son service, et conseille son emploi dans l'hémiplégie. M. le professeur Bach s'en est servi avec succès (communication verbale).

Dans cette circonstance, on le voit, l'arnicine répond à une action excitomotrice sur les parties paralysées ; elle ajoute cette tendance à la résorption de l'épanchement sanguin.

Dans une de nos observations de paraplégie (Durand), il y eut une amélioration réelle dans la marche, au point que ce malade est venu réclamer mes soins à sa sortie de l'hôpital.

Dans l'observation de Bambure, la paraplégie subit aussi un amendement : l'incontinence d'urine disparut pendant le jour, et des érections se produisirent comme avec l'emploi de la strychnine.

Nous n'avons pas eu l'occasion d'employer l'arnicine dans d'autres affections des centres nerveux ; mais nous pensons que cette substance mérite d'être expérimentée dans un certain nombre d'affections de ce genre : ainsi dans la chorée, où Trousseau prescrivait la strychnine, dans l'asthme lié ou non à l'emphysème pulmonaire ; dans certains catarrhes suffocants des vieillards, cet agent stimulant la tonicité des ramifications bronchiques, faciliterait l'expectoration comme nous l'avons remarqué dans quelques cas.

ADMINISTRATION ET DOSES

La meilleure administration consiste à employer l'arnicine sous forme pilulaire, pour masquer sa saveur âcre. La dose est de 5 à 10 centigrammes, pour adulte, en pilules de 25 milligrammes.

Les autres préparations d'Arnica sont l'infusion, 5 à 10 grammes de fleurs pour un litre d'eau bouillante.

La teinture est employée à l'extérieur, pure ou étendue d'eau; à l'intérieur, à la dose de 2 à 20 grammes, à prendre dans de l'eau sucrée. Cette teinture se compose d'une partie de fleurs, pour cinq, d'alcool à 56 degrés.

L'alcoolature s'obtient en traitant parties égales de fleurs fraîches et d'alcool à 92 degrés; on contuse la plante, on la fait macérer dans l'alcool pendant 15 jours, puis on passe avec expression et on filtre. Cette alcoolature est plus active que la teinture.

L'extrait se prépare en épuisant la plante par l'alcool; on distille pour retirer l'alcool, puis on évapore en consistance pilulaire le produit qui se trouve dans le bain-marie.

Il pourrait exister un hydrolat.

L'Arnica entre dans la composition d'une poudre anti-septique, dont on saupoudre les ulcères gangréneux dans les hôpitaux de Madrid, dans le thé de Suisse ou Faltrantz.

Les feuilles d'Arnica ne sont guère employées en France que pulvérisées et comme sternutatoires.

L'infusion d'Arnica composée se prépare avec les feuilles et les fleurs d'Arnica, de chaque, 4 grammes; eau commune, 750 grammes; sirop de citron, 60 grammes. A prendre en 4 doses, à intervalles convenables. Cette tisane est très-estimée dans les catarrhes pulmonaires chroniques sans fièvre, qui sont si fréquents chez les vieillards. Elle est également employée dans les paralysies des membres et dans certains cas de débilité nerveuse qui réclament des stimulants.

On peut employer l'arnicine en injection hypodermique à la dose de 0,05 dissous dans de l'eau alcoolisée. Contre poison : acétate de plomb, acides minéraux, sulfate de fer et de zinc, etc.

CONCLUSION

Nous croyons pouvoir tirer, comme conclusion de cette étude, les quelques propositions suivantes :

1º L'Arnica est une substance dangereuse, dont l'administration doit être surveillée avec soin; les principes actifs sont l'arnicine et l'huile essentielle.

2º L'action physiologique de l'arnicine a une grande analogie avec celle de la strychnine.

3º Les indications thérapeutiques nous ont paru être analogues.

4º L'Arnica possède une action éméto-cathartique, qu'on ne trouve ni dans l'arnicine ni dans l'huile essentielle.

5º Cette substance présente une activité certaine, qui doit attirer l'attention et mérite de nouvelles recherches.

TABLE DES MATIÈRES

www.ingramcontent.com/pod-product-compliance
Lightning Source LLC
Chambersburg PA
CBHW071421200326
41520CB00014B/3522